万物产生的秘密

食 物

纸上魔方 编绘

北方妇女儿童出版社

长春

图书在版编目（CIP）数据

　　食物 / 纸上魔方编绘. --长春：北方妇女儿童出版社，2019.3

　　（万物产生的秘密）

　　ISBN 978-7-5585-1108-0

　　Ⅰ.①食… Ⅱ.①纸… Ⅲ.①食品－少儿读物 Ⅳ.①TS2-49

　　中国版本图书馆CIP数据核字（2017）第142473号

食物
SHIWU

出 版 人	刘　刚
策 划 人	师晓晖
责任编辑	曲长军　张　丹
开　　本	787mm×1092mm　1/12
印　　张	4
字　　数	80千字
版　　次	2019年3月第1版
印　　次	2019年5月第2次印刷
印　　刷	吉林省吉广国际广告股份有限公司
出　　版	北方妇女儿童出版社
发　　行	北方妇女儿童出版社
地　　址	长春市人民大街4646号　　邮编：130021
电　　话	编辑部：0431-86037970　　发行科：0431-85640624
定　　价	16.80元

前言

　　世界上的万物，我们往往只看到其表象，要探究其内在缘由，就会有千万个为什么等待我们去解答。

　　我们居住的地球来自于哪里？地球上为什么会有各种各样的地形地貌？狂风、暴雨、地震、海啸等自然现象是怎么产生的？对我们的生活有什么影响？

　　大自然里的生物千姿百态。育儿袋里小袋鼠如何长大的呢？蝌蚪是怎样变成青蛙的？有不开花就能结果的植物吗？植物的种子都藏在哪里？

　　我们生活中常吃的巧克力、面包等食物都是怎么制作出来的？我们生活学习中常用到的纸、毛笔等学习用品又是怎么生产出来的呢?

带着疑问,让我们翻开这套《万物产生的秘密》系列丛书吧!相信当你阅读完之后,所有的问题就会一一找到答案。

本系列丛书包括《地球与能源》《动植物》《生活》《食物》《传统手工艺》,共5册。全书采用浅显而有趣的文字,将我们带进一个迷人并充满乐趣的知识领域里,引导孩子从不同的角度去观察、思考万事万物产生过程的独特与神奇,从而提高孩子们的想象力和创造力。

这套书内容丰富多彩,插画栩栩如生、清新自然,整体充满童趣,是一套值得小读者阅读的科普读物。

目　录

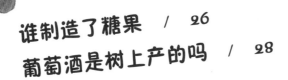

盐从哪里来

盐是一种常见的调味品，但是像雪一样白的盐到底是从哪里来的呢？是从海里吗？

❶ 盐田是用来制取海盐的场地，在与大海相隔的浅沼泽区里，盐田被设置成了大小不一的蒸发池和结晶池，远远看过去，还真是壮观呢！

❷ 海水会多次涨潮，人们就利用这个契机，每当海水涨潮后，便会打开水门，让海水大量灌入盐田。

❸ 当海水流入大蒸发池后，随着水分的蒸发，盐分的浓度会随之增高。经过暴晒，海水盐分浓度达到饱和状态，才被注入结晶池。

❹ 盐在池内慢慢结晶，池子表面已经产生一层被称为"盐花"的盐，在结晶池最底部还沉淀着不少粗盐。

❺　终于可以采收盐了。盐厂里，工人们利用木耙将盐堆在一起。

❻　然而，随着科技的发展，这种方法已经很少被采用，如今，盐厂大多利用机器进行采收。

❼　对那些采收的盐进行干燥、精制、添加碘等工序后，再根据不同的需求对它们进行设计包装，最终成为我们生活中所见到的食用盐。

稻米是怎样种出来的

一粒一粒晶莹剔透的米，还有那煮出来的米饭香……
想想都令人垂涎。稻米是怎么培育出来的呢？

❶ 水稻要种植在水田里，它们喜欢温暖湿润的环境。

❷ 在种水稻前，要先用犁犁田，然后再灌水，紧接着还要赶着牛让它们在田中来回地踩踏，这样田地才能变得松软，插秧时才不会太费力。

❸ 水田里，一片忙碌的插秧景象：勤劳的农民挽着裤管，弯着腰将秧苗一棵棵地插入泥中。

❹ 水稻长势喜人，只需要三个月就能结出稻穗。当稻穗成熟变成金黄色时，农民用镰刀收割着水稻，并将鼓胀胀的稻穗捆成一束一束的；还可以利用水稻收割机收割水稻。

❺ 将那些经过筛选"合格"的稻穗放在阳光下进行暴晒，而剩下的稻秆就成为牲畜们的美餐了。

❻ 稻穗外面包裹着一层硬壳，即米糠。而稻穗要想"脱胎换骨"变成好吃的大米，首先就要去除米糠，成为糙米。

❼ 脱了壳的糙米还没来得及"得意"，就又被磨掉了表皮，摇身变成胚芽米。只是还未等胚芽米"反应"过来，它的胚芽就被磨掉了，最终"出落成"美丽的白米。

奶酪是怎样被制作出来的

奶酪有着非常醇厚的奶味，要知道它可是浓缩的牛奶呢。不但能够直接食用，在细嚼中慢慢体会它的香浓滋味，而且，还能作为配料做蛋糕呢。那么，如此神奇的小奶酪又是怎样被制作出来的呢？（以制作软质天然奶酪为例）

❶ 做好奶酪的基底

牛奶先要经过低温杀菌，再加入乳酸菌进行发酵，然后加入让牛奶能够凝固的酶。

❷ 生成凝乳

用木棍不停搅动牛奶，渐渐地，奇迹便发生了。瞧，牛奶神奇般地变成了滑软洁白的奶块，即凝乳。

❸　排除凝乳中的水分

先将凝乳切成一小块一小块的，然后再将凝乳块放进圆筒里，用专用的挤压机挤压圆筒中的水分，从而排掉凝乳中的水分。

❹　首次发酵

圆筒中的凝乳还需静置两天，才能让水分充分蒸发，凝结成奶酪块。此时，将奶酪块倒出来，码放在熟成室中，并在它们的表面洒上曲霉，完成它们有生以来的第一次发酵。注意，在发酵的过程中，要不时地翻转奶酪，好让它们时不时地来个"大翻身"。

❺　二次发酵

选择通气性良好的纸将奶酪包裹好，再次进行发酵，此次时间有些长，要经过数周，还要"忍受"冷藏，才能脱胎换骨成为美味的软质天然奶酪。

巧克力是怎样制作的

可可脂是制作巧克力的"主角"，那么，它们又是从哪里来的呢？在热带丛林里，生长着大片的可可树，可可脂便来自可可树上的卵形果实——可可果。

❶ 当成熟的可可果被采摘下来后，就被小心地切开，而体内那些饱满的种子——可可豆也被一一取出，它们经过发酵、干燥的程序才会远渡重洋，被输送到世界各地的巧克力加工厂。

❷ 在工厂里，可可豆要经过高温的烘烤、焙炒，才会进一步分离出种皮、胚芽和豆仁。然后，豆仁被放入机器研磨成了可可膏。

❸ 可可膏被压榨分离出大量的可可固形物和可可脂。之后加入糖混合成一定比例进行加热，最后又被倒入模型进行冷却，终于变成巧克力砖。

❹ 若将可可固形物磨成粉，便会成为可可粉。此时，若是依照不同的口味添加其他添加物，可可粉便又摇身变成了一包包精美的巧克力粉。

❺ 巧克力砖已经凝固好，空气中也飘散着浓郁的巧克力香。此时，工人将巧克力砖倒出来，并用锡箔纸小心地将它们包起来，最后再根据不同的需求进行设计包装，变成漂亮的巧克力。

面包与面粉有关

美味的面包是如何制作出来的呢？它们与面粉有关系吗？答案自然是肯定的。

❶ 春天，万物复苏，勤劳的农民将小麦种子播种在松松的土壤中，经过灌溉后，种子渐渐发芽，悄悄拱出土壤。

❷ 麦苗铆足了劲儿生长，放眼望去，绿油油的一片。秋天快要来了，小麦逐渐抽穗，经过秋阳的"洗涤"，青色的麦穗日渐变成金黄色。秋风拂过，金色的麦浪翻滚，美得像幅画。

❸ 金灿灿的麦田里，勤劳的农民直接利用联合收割机收割小麦，看着那些分离出来的鼓胀胀的麦穗，他们脸上洋溢着喜悦的笑容。

❹ 在面粉工厂里，依然包裹着外壳的小麦被倒进两个大滚筒之间，那坚硬的外壳瞬间便被"剔除"。

❺ 没了外壳的小麦先是被磨碎，紧接着又经过一层细过一层的筛子进行过滤，终于旧貌换新颜，变成细腻的面粉。

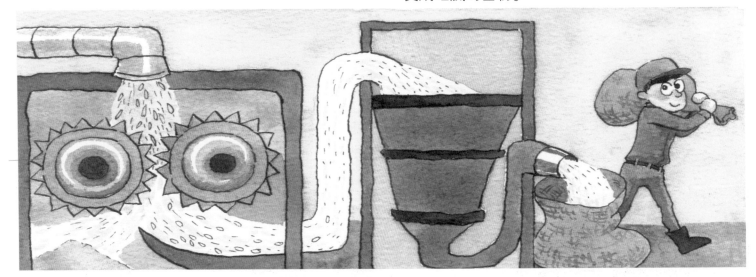

❻ 将面粉、水、糖、盐以及酵母粉放在一起，经过一定的搅拌，面团便诞生了。只是，面团还需要静置一段时间才会发酵。

❼ 发酵后的面团会因为膨胀而变得很大，此时，要将大面团分成一块块形状不一的小面团，然后，再让这些小面团继续进行发酵。

❽ 当小面团的"身体"膨胀到三倍左右大时，便将它们放进烤箱里进行烘烤。很快，香喷喷的面包就新鲜出炉了。

❾ 只是新出炉的面包太烫、太软，吃的时候可要小心，不要被烫到哦！

牛奶从哪里来

牛奶拥有丰富的营养，对人体具有一定的营养价值。那么，牛奶是从哪里来的呢？顾名思义，牛奶是母牛分泌的乳汁。为了满足人们对牛奶的需要，一些大型的奶牛厂都会饲养几万头奶牛。

❶ 当母牛开始分泌乳汁时，工人便会将挤奶器放在母牛的乳房上，以便能够大量的收集牛奶。

❷ 将收集起来的新鲜牛奶存放在牛奶贮存槽，然后再马不停蹄地将那些鲜奶运送到牛奶厂进行进一步的处理。

❸　在牛奶厂，那些鲜奶先是被过滤杀菌，或是变成低脂牛奶，或是加入果汁成为果奶，然后，再被装进各式各样的塑胶瓶或是玻璃瓶中。

❹　牛奶的保质期一般都较短。不过，为了延长牛奶的保质期，一是可进行高温杀菌，二是可利用高温灭菌法，将牛奶制作成"保久乳"。

水果的种子在哪里

漫步在果园里，闻着那清甜的果香，看着那些挂在枝头的苹果，忍不住想到苹果肉里隐藏着的那些黑色小种子……那么，是不是所有水果的种子都藏在果肉内部呢？突然间想到了草莓，它们可是将种子顶在外面呢。

❶ 葡萄、梨、香瓜、西瓜和柠檬等水果肉里都有籽儿，那些籽儿就是它们的种子，一粒一粒的也挺可爱的；樱桃、杏、桃子等水果的种子有着坚硬的外壳，俗称果核。

❷   牛油果虽然外表有点其貌不扬，但却有着非常丰富的营养。当然，它的种子也含在果肉里，而且是一个较大的果核呢。

❸   克莱蒙橘子是法国柑橘类水果，它们不但味道甘甜，而且吃起来也颇为省事儿，根本不用担心会吃到籽儿。原来，它们是无籽的橘子。

甜菜和甘蔗能提炼糖

在神奇的自然世界里，有很多植物自身都会产生糖。人类利用植物的这个特性，将这些糖分与其他成分进行分离，从而制造出天然的糖。那么，是不是所有的植物都能用来提炼糖呢？

❶ 在植物界，甜菜和甘蔗是用来提炼糖的首选植物。人们在提炼糖时，选用甜菜的根和甘蔗的茎，只需要将它们磨碎，便能轻松地取得糖浆。接下来，只待糖浆的水分蒸发完，就能得到一粒粒的糖结晶了。

❷　在加拿大，有一种很特别的枫树——糖枫，可专门用来提取糖。每到春天，只要在糖枫的树干上挖一个小洞，糖枫树汁便会流出来。此时，只要将树汁加热，便会得到"枫糖浆"，若是再继续加热，那一粒一粒的糖结晶便"现身"了。

谁制造了糖果

糖果真是一种美味的零食，经过包装的它们不仅有着诱人的外表，而且味道也千奇百变，有的甜甜的，有的酸酸的……那么，究竟是谁制造了如此可爱的"小东西"呢？

❶ 在糖果厂，将做好的糖果团放进烤箱进行烘烤，并将温度调到适宜，因为烤箱的温度不同，所烤出糖果的硬度

也会有所不同。烘烤完毕，再将糖果团倒进各式各样的模型中，待冷却一定的时间后，便会成为造型各异的糖果，比如，方型、圆型，或是小动物等。

❷ 糖果再美味，也不能贪吃哦。因为一粒糖果大概含有 95% 以上的糖分，若是每天吃太多的糖果，便会致使大量的糖分残留在我们的牙齿缝里，对牙齿造成一定的伤害——让原本整齐的它们生出蛀牙，不但会时不时的疼痛，而且还影响了我们的美观。

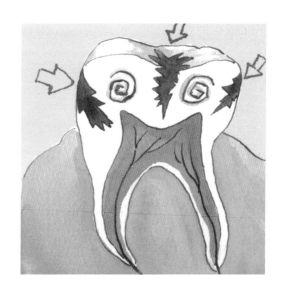

❸ 糖果虽然是一种很常见的零食，但它曾经可是非常稀罕的。听说，只有国王才有资格吃糖果。而且，它们都是用蜂蜜和天然香料制作的，被"隆重"地装在金杯或是银杯里，被国王一粒粒优雅地拿起，细细地品味。

葡萄酒是树上产的吗

葡萄酒，顾名思义是用葡萄酿造的。那么，那一串串可口的葡萄又是如何变成口味多变的葡萄酒的呢？

❶ 葡萄树是一种藤本植物，它有着状似手掌的碧绿叶子，又有着饱满丰盈的果实——葡萄。每到秋天，葡萄藤上便会挂满诱人的葡萄，满园子飘散着葡萄香。

❷ 看着那一串串喜人的葡萄，酒农或是直接用手采摘，或是利用机器进行采收。

❸ 酒农将采收好的葡萄盛放在大的不锈钢槽里，他们小心地拨弄着，细细地挑选出那些被压坏或是没成熟的葡萄，剩下那些好的葡萄用来酿酒。

❹ 酒农先是利用一种专门的机器去除葡萄梗，然后再利用两个大转轮将葡萄压烂。然而，在科技落后的从前，酒农可是用双脚将葡萄踩烂的。

❺ 将那些压烂的葡萄、果肉和果汁放进桶里进行发酵。在发酵的过程中，葡萄的糖分便会慢慢转化成酒精。此时，再将这些发酵的混合物进行最后的压榨，美味的葡萄酒便"诞生"了。

❻ 可将葡萄酒贮存在木桶里，至少能储存好几个月呢。而且，木桶特有的木香还能赋予葡萄酒一种特别的香味呢。

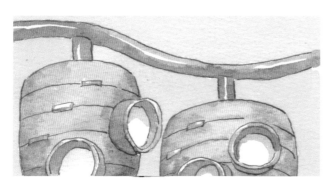

❼ 若是将木桶里的葡萄酒过滤，然后再装入特别设计的玻璃瓶里，并塞上别致的软木塞，"木桶酒"便摇身变成了一瓶一瓶的葡萄酒。

如何制作醋

醋是一种很长常见的调味品，很多菜肴都需要它的调味。那么，醋是如何制作的呢？传说，醋是古代酿酒大师杜康的儿子黑塔无意中发明的。他只是觉得酿酒剩下酒糟扔掉很可惜，于是进行继续发酵，在不经意间就酿成了醋。

❶ 在蒸好的泛着诱人米香的米饭中加入曲霉，做成酒曲。

❷ 往酒曲中注入水。此时，在酵母菌的作用下，酒曲中的糖分会慢慢转化为酒精。

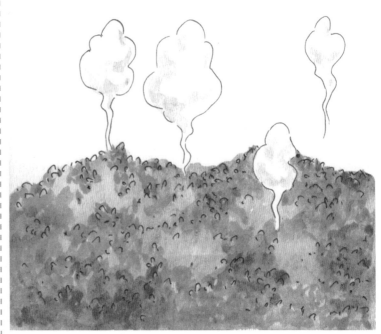

❸ 在酒精中加入一定量的醋醅后，再进行加热。

❹ 将酒精放置在温度始终保持在30℃~35℃的发酵室中静置一个月。这样一来，酒精在醋酸菌的作用下，便会慢慢地转变成醋酸，神奇般的"转化"成醋。

❺ 此时的醋还要再静置一个月，才能进一步成熟。唯有如此，醋才会拥有那独特的醇厚醋香。

❻ 一个多月的时间过得很快，终于能够过滤掉漂浮在醋上层的那些杂质了。不仅如此，还要对醋进行70℃左右的温度杀菌，最后才能装在相应的瓶子里被运出工厂，发往不同的城市。

番茄酱诞生记

　　番茄酱是一种很美味的调味品，当我们吃薯条时，最爱的就是蘸着番茄酱大快朵颐。那么，如此可口的番茄酱是如何"诞生"的呢？

❶　洗番茄，注意，在洗的时候一定要将那些坏掉的番茄挑拣出来。

❷ 洗好番茄后，还要去掉番茄的皮和蒂。

❸利用粉碎机将番茄磨成酸甜的番茄汁。

❹ 将那些红色的番茄汁放到大锅里去煮。注意，为预防番茄汁在煮的过程中变糊，要一直不停地搅拌。而且，还要不时地加入砂糖、盐、醋、香料，以及洋葱或是芹菜，并随时品尝番茄汁的味道是否合适。

❺ 约莫 4~5 小时后，"熬煮"终于结束。此时，番茄汁只有一半的容量，而且颜色红艳艳的，好看极了。

❻ 为了保持一定的新鲜度，要迅速将做好的番茄酱转移到无菌容器中，而且要及时盖上盖子进行密封。

❼ 将那些装满番茄酱的容器放到高温热水中进行杀菌，快速冷却后要及时贴上各式各样的标签。此时，总算大功告成，美味的番茄酱 "完美" 诞生！

冰激凌制作大解密

炎炎夏季，若是能咬上一口美味的冰激凌真是过瘾，那凉凉的感觉，似乎将酷暑一下子冲淡了不少。那么，如此爽口的冰激凌到底是怎么做成的呢？

❶ 冰激凌工厂的车间里，工人们先是将所有原料（牛奶、生奶油、糖等）一股脑地倒入大罐子里进行搅拌，好让那些原料能够充分混合在一起。

❷ 用过滤器将"藏"在混合物里的杂质去掉。

❸ 为了确保混合物的均匀和细腻，还要将那些细小的颗粒打碎。

❹ 将混合物进行快速杀菌后，要立刻进行冷却。而且，当温度降到10℃以下时，可加入不同口味的香料，比如，香草、抹茶等。当然，在此过程中，冷却并未停止，直到温度降到0℃~-5℃。

❺ 为了确保冰激凌具有一定的柔滑性，需将加工好的底料放进罐子静置一段时间。

❻ 打开罐子，注意，为了确保空气不会趁机混入，需要一边不断地搅拌底料，一边将底料进行冷却。相信经过这番"打磨"，底料会变得柔软无比，像极了软奶油。

❼ 根据需要，可将凝冻好的冰激凌底料装进杯状的包装盒里。将包装盒放进 -40℃ 的冷冻室，经过一段时间的冷冻，美味的杯状冰激凌就做好了。

❽ 如果制作冰激凌雪糕，可将凝冻好的冰激凌底料分别倒入形状不一的模具里进行冷却。

趁着底料还未完全凝固，要迅速将小巧可爱的雪糕棍儿插进模具里。

当底料完全凝固成型后，便将各式各样的雪糕从模具里拿出来，再包裹好各类的雪糕纸。瞧，一根根美味的雪糕便诞生了。

豆腐的由来

　　豆腐软糯可口，是我们餐桌上常见的菜肴。而且，豆腐品种更是多样，比如，老豆腐、南豆腐、木棉豆腐……那么，豆腐是怎么做成的呢（以制作木棉豆腐为例）？

❶　制作豆腐原料，即豆浆。

①把黄灿灿的大豆仔细清洗干净。
②将大豆用水泡上一整夜，好让大豆因为吸水变软变大。
③将变大的大豆放进机器里，并加入一定量的清水进行磨碎。

④当大豆磨碎后，只需用高压锅焖煮十来分钟，便能煮熟。
⑤把那些煮熟的大豆榨成豆浆，但要记住，一定要将豆渣分离出来。

❷ 将豆浆煮沸。

❸ 点上卤水。

❹ 豆浆凝固成型后，切块，便成了一块块鲜嫩的豆腐。

罐头是怎么制作出来的

罐头真是一种神奇的食物呢，它们不但有着较长的保质期，而且味道也相当不错。这不，当我们去郊游，去野餐，甚至在日常的一日三餐中，总喜欢将它们作为菜肴。那么，它们是怎么制作的呢？

❶ 排出罐头内的空气，然后再进行密封，很简单，只需紧紧地盖上盖子。

❷ 加热，而且温度一定要高，这样才能杀死里面的细菌。

❸ 冷却，用冷水即可。

❹ 哇，终于大功告成，美味的罐头"诞生"了。

❺ 蜜橘罐头的做法，准备原料——蜜橘，一定要挑选大小均匀、质量较好的蜜橘，然后再为它们"脱掉衣裳"——剥皮。

❻分瓣。将高压水淋在剥好的蜜橘上，它们就像是盛开的花朵般一瓣一瓣地分开。

❼ 去掉橘子瓣上的薄皮。将分好的橘子瓣依次放入盐酸溶液或是烧碱溶液里，然后再用清水反复地清洗，这样一来，橘子瓣上的薄皮就神奇般"消失"了。

❽ 装罐。将完好的橘子瓣装进罐子里，然后再根据需要淋入糖水或果汁。

❾ 进行真空杀菌后，一瓶瓶酸甜可口的蜜橘罐头便做好了。

美味果酱的生产过程

早晨，当我们吃早餐时，最喜欢在面包片上涂抹一些果酱，有了果酱的调味，面包片的味道果然香甜了不少。而且，果酱的味道也是多变的，它们依着水果的味道有的酸，有的甜……那么，它们又是如何从水果变成美味的果酱呢（以草莓酱的制作为例）？

❶ 洗草莓。开始先摘掉草莓的蒂，并用清水细细洗净。

❷ 熬煮。将洗干净的草莓放入大锅里进行熬煮，在熬煮的过程中，要分2~3次加入白砂糖，而且要对一大锅草莓进行充分搅拌。

❸ 装瓶。草莓经过充分的熬煮变成草莓酱后，要迅速装进瓶子里，并盖紧瓶盖进行密封。

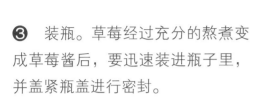

❹ 加热杀菌。将密封好的果酱瓶放入温度在90℃以上的热水里浸泡10分钟左右，注意，在浸泡的过程中，要始终保持温度适中。

❺ 杀菌结束后，要让果酱瓶在温水中慢慢冷却，直到果酱变得黏稠。

❻ 为果酱瓶贴上相应的标签，一瓶美味的果酱便"完美"诞生了。

粉皮制作工艺

调制好的粉皮其实也是一道美味的菜肴，那么，粉皮是怎么做成的呢？

---

❶ 烫高粱。只是烫高粱也要分季节用不同的水，在冬天要用热水，夏天却要用凉水。而且，在烫时，要一个人浇水，一个人轻轻翻动着高粱。高粱烫好后，还需要控去其中的热水，并加入适量的绿豆，然后再将高粱与绿豆的混合物一起放入温水中浸泡一夜。

❷ 磨浆。石磨上，放着泡好的高粱与绿豆的混合物，而且还吊着一个水盆。开始磨浆了，注意，在磨的过程中，要不停地向磨眼处滴水。

❸ 过箩（洗面）。两桶浆需配两桶水，而且，在过箩的过程中，要不停地搅动挤压，直到淀粉和渣分离。

❹ 将调好的浆（粉汤）倒入锅里，加热，待烧开后，舀一勺粉汤迅速倒进旋子里，然后双手掂起旋子沿儿，好让旋子底接触沸水面，并用力沿着顺时针方向旋转。

❺ 过水。当旋子停止转动后，要及时抓住旋子沿儿晃动，好让甩到一边的粉汤再次回到中间。接着灌入热水，当热水淋下后，奇迹出现了，瞧，粉汤凝固，一下变成透明的粉皮。

❻ 冷却。取出旋子，将它浸泡在凉水里进行冷却。然后，掀起透明的粉皮，将它们一片一片地摊放在凉箔上晾晒。

❼ 加工。可将粉皮切成条形，然后根据个人的口味拌上相应的调料，尝上一口，韧劲十足，大快朵颐。

各类食用油的提取

在日常的烹调中，离不开各类食用油的"调节"。那么，食用油是怎么做成的呢？自然界中很多植物的种子和果实都含有油分。比如，玉米、大豆、油菜籽……

❶ 提取油分。提取油分的方法有两种。一种是压榨法，一种是浸出法。其中，前者主要针对油分含量高的原料，后者则适合那些油分含量少的原料。

❷ 为了让油分榨取起来更容易，可先将原料用高温进行焙炒。

❸ 除杂。为了去除油里的杂质，可将油放到离心分离机里进行分离。将处理好的油再放入过滤器中进行过滤，从而得到较为干净的油。

❹ 脱色。为了让油的颜色看起来更加透明，更加纯正，可加入活性白土吸附油中的色素。

❺ 除去油中的浑浊部分。在低温的环境下，油会析出蜡分和固体脂肪，此时，可去除这些多余的杂质，让油看起来更加透亮。

❻ 进一步清洁把油放进脱臭塔，在高温真空环境的作用下，油会得到更深一层的清洁，将那些依然藏匿的异味杂质彻底清除掉。

❼ 装瓶
根据不同的需求，可将油分装到各式各样的瓶子中，那透明的瓶子映衬着食用油好看的颜色，真是诱人极了。

茶叶

茶是一种古老的饮品，一杯香茗，不知曾令多少诗人为其挥墨。茶香袅袅，品一口香茗，只觉齿颊留香。真不知这么好喝的茶是怎么从一片一片叶子变成茶叶的？

❶ 采摘。清明前后，细雨纷纷，碧草青青，真是采摘茶叶的好时节。看，采茶女们唱着小调，正喜悦地摘取那一叶一芽形的嫩芽。

❷ 挑拣。只选择优质的茶叶，去除那些老茶叶或是小茶叶。

❸ 刹青。在温度高达150℃~180℃的热锅中，要以最快的速度不停地翻炒茶叶，不但要让茶叶原本的碧色分离出来，还要呈现出好看的卷曲螺形。

❹ 搓揉成团。在文火中，要用双手不停地翻动锅中的茶叶，同时还要揉搓茶叶，好让茶叶能够滚动成团。

❺ 焙干出茸毛。焙干也是在锅中进行的，而且焙干后，茶叶要呈现出茸毛。若是保留太多的水分，茶叶便不会出茸毛，也就没有市场价值了；但若是茶叶炒干了，茶叶便等同于废品。